MÉMOIRE

SUR UN PROJET DE

CHRONOGRAPHE ÉLECTRIQUE

FONDÉ SUR L'EMPLOI DU DIAPASON

APPLICATION AUX EXPÉRIENCES DE BALISTIQUE

PAR

E. SCHULTZ
Lieutenant d'artillerie

AVEC TROIS PLANCHES

PARIS
LIBRAIRIE MILITAIRE, MARITIME ET POLYTECHNIQUE
DE J. CORRÉARD
LIBRAIRE-ÉDITEUR ET LIBRAIRE COMMISSIONNAIRE
Rue Saint-André-des-Arts, 58.

1859

MÉMOIRE

SUR UN PROJET

DE CHRONOGRAPHE ÉLECTRIQUE

MÉMOIRE

SUR UN PROJET DE

CHRONOGRAPHE ÉLECTRIQUE

FONDÉ SUR L'EMPLOI DU DIAPASON

APPLICATION AUX EXPÉRIENCES DE BALISTIQUE

PAR

E. SCHULTZ

Lieutenant d'artillerie

AVEC TROIS PLANCHES

PARIS

LIBRAIRIE MILITAIRE, MARITIME ET POLYTECHNIQUE

DE J. CORRÉARD

LIBRAIRE-ÉDITEUR ET LIBRAIRE COMMISSIONNAIRE

Rue Saint-André-des-Arts, 58.

1859

MÉMOIRE

SUR UN PROJET

DE CHRONOGRAPHE ÉLECTRIQUE

FONDÉ SUR L'EMPLOI DU DIAPASON.

INTRODUCTION.

Depuis 1840, époque où les travaux du célèbre Wheatstone montrèrent la possibilité d'appliquer l'électricité aux expériences de balistique, de nombreuses recherches ont été dirigées vers ce but dans presque tous le pays. Dans ces derniers temps surtout, l'extrême multiplicité des tentatives de ce genre, et la grande variété des appareils, aussitôt modifiés que proposés, ont montré tout ce qui reste à faire pour arriver à une solution complète et suffisamment pratique de la détermination expérimentale des trajectoires, c'est-à-dire du problème le plus intéressant de la balistique.

Ainsi, les chronographes fondés sur l'emploi du pendule, qui sont considérés, à juste titre, comme les plus ingénieux et les plus perfectionnés, sont bien loin de répondre à la question telle qu'elle vient d'être posée.

Celui de M. le capitaine Navez, l'inventeur de la méthode, ne donne la durée du trajet qu'entre deux points.

Les modifications apportées à cet instrument par M. le capitaine Martin de Brettes ne permettent d'obtenir la vitesse du projectile qu'en trois ou quatre points de la trajectoire, au maximum ; encore, n'arrive-t-on à ce résultat qu'en sacrifiant le principe même sur lequel est fondée l'exactitude du chronographe, et qui consiste à placer l'arc qu'on veut mesurer à cheval sur le milieu de l'oscillation du pendule.

Deux raisons empêchent d'ailleurs les divers chronographes, à indications multiples, fondés sur l'emploi du pendule, de pouvoir servir à la détermination complète d'une trajectoire.

La première provient de la nécessité, à laquelle on se trouve amené, d'ajouter, à l'appareil simple, autant de conjoncteurs et de disjoncteurs et autant de piles, qu'on veut obtenir de nouvelles traces du passage du projectile à travers les cadres-cibles ; d'où résulte une complication, qui devient une véritable impossibilité, dès qu'on veut augmenter un peu le nombre des points.

La seconde tient à ce que la pointe, de laquelle partent les étincelles, parcourant toujours le même chemin, il sera fort difficile, pour ne pas dire impossible, de distinguer à laquelle des oscillations faites par le pendule se rapportent les différentes traces laissées par les étincelles sur le papier.

Ce ne sont pas les seuls reproches qu'on puisse adresser à ces appareils ; il n'appartient pas à l'auteur d'entreprendre la critique des travaux de ces deux savants officiers, dont les recherches ont fait faire de si grands progrès à la science de l'électro-balistique, et qui, par leurs écrits, ont réussi à la populariser, même en France. Mais ce qui précède suffit pour montrer qu'on est encore loin d'être arrivé, je ne dirai pas à la perfection, mais aux résultats qu'on peut raisonnablement espérer de l'application de l'électricité aux expériences de balistique.

Cependant l'ère nouvelle ouverte à l'artillerie, par suite des récentes et admirables découvertes du colonel Treuil, exige l'emploi de nouvelles méthodes d'investigation, dont l'exactitude soit à la hauteur de la précision des résultats qu'elles doivent analyser. On comprend donc de quelle importance serait un instrument *simple* et *précis* qui permettrait de suivre un projectile dans toute l'étendue de sa trajectoire, quelle que soit d'ailleurs la portée ; de déterminer les durées des trajets entre des points aussi rapprochés qu'on le voudra, et espacés sur tout le parcours du projectile.

Tel est l'instrument que j'ai cherché à réaliser, et dont voici la description.

CHAPITRE PREMIER.

PRINCIPE DE L'APPAREIL.

§ 1er. — Du diapason.

L'appareil proposé est fondé sur l'emploi du diapason. Cet instrument possède une propriété précieuse pour le but qui nous occupe, celle d'avoir des vibrations isochrônes quand les amplitudes ne varient qu'entre des limites assez rapprochées. Supposons un diapason faisant 1000 vibrations par seconde, nombre qui correspond très-approximativement à l'Ut bémol, on conçoit que, si on parvient à mettre en évidence les traces de ces vibrations, sur un cylindre recouvert de noir de fumée et animé d'un mouvement de rotation à peu près uniforme, chaque trace correspondra rigoureusement à 1 millième de seconde.

On aura un véritable chronoscope donnant, pour unités de temps, des millièmes de seconde exacts, qu'on pourra subdiviser ensuite avec plus ou moins d'approximation, suivant l'écartement des divisions et la finesse des traits ainsi obtenus.

§ 2. — Conditions fondamentales.

Ce procédé repose donc sur l'*isochronisme* parfait des vibrations, et sur la détermination rigoureuse de leur nombre par seconde.

Ces deux conditions et d'autres encore qui s'y rattachent méritent une discussion détaillée, qui permettra de fixer le degré de précision qu'on peut atteindre par cette méthode ; elles feront l'objet d'un chapitre spécial de ce mémoire.

Le point essentiel à établir, avant d'entrer dans aucun autre détail, c'est la possibilité d'entretenir régulièrement le mouvement vibratoire du diapason.

§ 3. — Nécessité d'entretenir le mouvement vibratoire du diapason. — Moyen d'y arriver.

Quand un diapason vibre librement dans l'air, le son peut se prolonger de une à deux minutes, mais au bout de quelques secondes les amplitudes ont beaucoup diminué. Ce serait un grave inconvénient pour le but qu'on se propose ici ; car le degré d'exactitude de l'appareil repose, en grande partie, sur leur étendue. De plus, les causes de diminution dans l'amplitude seront encore augmentées par suite du léger frottement qui a lieu entre la pointe traçante et le cylindre. Enfin, il y aurait à craindre encore que ce frottement, si léger qu'il fût, n'apportât des perturbations dans l'isochronisme. Il faut donc, de toute nécessité, entretenir le mouvement vibratoire.

Le moyen employé pour cela est extrêmement simple et réussit parfaitement. Il est dû à M. Lissajoux, et consiste dans l'emploi de l'interrupteur à mercure de M. Léon Foucaud et de deux très-petits électro-aimants placés en regard de deux armatures en fer doux fixées sur les branches du diapason, et destinés à exercer, à des périodes fixes, de petites attractions qui servent à réparer les pertes subies dans l'amplitude. Ces aimants temporaires sont activés par un seul élément Daniell. Dans ces conditions le mouvement vibratoire peut se prolonger pendant des heures entières, sans éprouver la moindre variation; on peut dès lors le considérer comme parfaitement isochrone.

§ 4. — Rôle du diapason.

Cet appareil réduit à ces éléments, un cylindre tournant et un diapason, constitue un véritable chronomètre qui permet d'apprécier avec certitude des fractions de temps extrêmement petites. Le diapason y remplit le rôle essentiel, l'électricité jusqu'ici n'y intervient qu'indirectement, pour entretenir le mouvement vibratoire, en remplissant, pour ainsi dire, l'office d'un archet parfaitement régulier. Pour employer ce chronomètre à la mesure de la durée d'un phénomène, c'est-à-dire pour en faire un véritable chronographe, il ne reste plus qu'à trouver le moyen d'y laisser des traces indiquant les instants initial et final. Mais, pour obtenir un degré de précision comparable à celui du chronomètre, il faut que la production de ces traces soit, pour ainsi dire, instantanée.

§ 5. — Rôle de l'électricité. — Emploi de l'appareil d'induction de Ruhmkorff.

C'est ici que l'électricité, grâce à sa vitesse presque infinie, va nous servir à la fois, d'agent de transmission entre le chronomètre et le lieu où se produit le phénomène, et d'agent de pointage, chargé de marquer, sur le cylindre, des points correspondants instantanément aux instants qu'on veut déterminer. L'appareil d'induction de Ruhmkorff répond à merveille à cette double condition. Son emploi est basé :

1° Sur une propriété mécanique des étincelles d'induction, qui consiste dans la puissance de percer avec une grande netteté une feuille de papier convenablement disposée sur une plaque, en regard d'une pointe métallique, qui donne passage à un courant d'induction.

2° Sur la simultanéité de la production de l'étincelle d'induction et de l'interruption du circuit inducteur.

Cette simultanéité n'a jamais été parfaitement constatée, elle n'est même pas probable, à en juger par le raisonnement. En effet, chaque fois qu'un fluide impondérable, lumière, chaleur ou électricité, exerce une action mécanique sur un corps pondérable, la rapidité de cette action est toujours très-faible, comparée à la vitesse du fluide lui-même. Il est donc probable qu'il en sera ainsi pour la production de l'étincelle d'induction, et que le percement du papier ne sera pas instantané. L'étude et la mesure de cette durée fournirait un sujet d'intéressantes recherches. En attendant, nous admettrons que le retard provenant de cette cause, se produisant dans des circonstances toujours à peu près identiques, aura une valeur constante, dans les limites où nous voulons pousser l'approximation, et, par conséquent, n'apportera aucune erreur dans les résultats.

Pour mettre à profit cette double propriété de l'appareil d'induction, il suffit de faire communiquer la bobine induite, d'une part avec le cylindre qu'on aura recouvert d'une feuille de papier, de l'autre avec le diapason ; chaque interruption dans le circuit inducteur donnera lieu à une étincelle entre la pointe et le cylindre, et laissera sur le papier une trace instantanée de son passage.

En résumé, la pointe fixée sur le diapason participe à son mouvement vibratoire et trace, sur le noir de fumée, une série de zigzags qui forment une véritable échelle du temps divisée en millièmes de seconde.

Sur cette échelle même, des points produits par les étincelles partant de la même pointe, indiquent les instants précis des ruptures du circuit et permettent de mesurer les intervalles de temps écoulés entre les phases correspondantes du phénomène qu'on veut observer.

CHAPITRE II.

DESCRIPTION DE L'APPAREIL.

Le chronographe est représenté, (*pl.* I, *fig.* 1, 2, 3), au moyen d'un plan et de deux coupes verticales ; il comprend :

§ 1. — Du cylindre.

1° Un cylindre en laiton porté sur des supports en fonte et dont la surface est garnie d'une feuille de papier recouverte de noir de fumée. Ce cylindre est mis en mouvement par un mécanisme ordinaire de tourne-broche, dont on peut faire varier la vitesse en augmentant ou en diminuant le poids moteur.

Le mouvement obtenu par ce moyen sera loin d'être uniforme ; mais cette condition n'est pas indispensable, puisque la mesure du temps est fournie par les vibrations du diapason et non par la vitesse du cylindre. Les ailettes du tourne-broche fourniront donc un régulateur bien suffisant.

L'arbre du cylindre porte un pignon monté à frottement doux, qui reçoit le mouvement de la dernière roue dentée du moteur ; un manchon d'embrayage permet de le caler à l'instant où l'on veut mettre le cylindre en mouvement.

L'embrayage, le moteur ainsi que les détails des supports sont des éléments de machines bien connus dont la représentation eût apporté une complication inutile dans le dessin ; on ne les a pas figurés.

Le cylindre a 1 mètre de circonférence, de telle sorte que le nombre de tours par seconde indiquera, en millimètres, l'espace parcouru en moyenne dans chaque millième de seconde.

§ 2. — Chariot mobile.

2° Un chariot mobile dont la plaque supérieure est isolée au moyen d'une lame d'ivoire (I), et porte deux presses (A A), destinées à fixer successivement le diapason et le micromètre, est guidé dans son double mouvement par deux coulisses dont les directions sont rectangulaires.

Une vis sans fin fait glisser le chariot dans la coulisse (B), et lui donne un mouvement parallèle à l'axe du cylindre. Cette vis est commandée par une poulie calée sur l'arbre du cylindre par l'intermédiaire d'une chaîne sans fin et gouvernée par un manchon d'embrayage, qui rend son mouvement indépendant de celui du cylindre.

Une vis de rappel tournant dans un collet permet de rapprocher ou d'éloigner le chariot du cylindre en le faisant glisser dans la coulisse (C).

§ 3. — Du diapason.

Le diapason est fixé par une vis de pression (D) sur la traverse inférieure d'un cadre qui est monté sur le chariot mobile, au moyen de deux presses (A A).

Une tige E, fixée à l'extrémité de l'une des branches du diapason, porte la pointe traçante H.

Cette pointe doit satisfaire à une double condition : toucher la surface du papier, en appuyant le plus légèrement possible ; présenter une grande résistance dans le sens vertical, afin que les petites inégalités de la surface ne puissent donner lieu à aucun déplacement dans ce sens. Une lame d'or très-mince, d'un largeur de 10 à 15 millimètres, et terminée en pointe fine vers le cylindre, formera un ressort qui remplira bien ces deux conditions.

Les dimensions du diapason seront combinées de manière à donner aux amplitudes le plus d'étendue possible.

La traverse inférieure porte encore une presse (F) qui permet de mettre le diapason en communication avec l'une des extrémités de la bobine induite de l'appareil Ruhmkorff; l'autre extrémité communique avec le cylindre au moyen d'une presse située sur l'un des supports en fonte.

Deux montants, fixés sur cette même traverse, supportent un cadre horizontal; c'est sur les petits côtés de ce cadre que sont montés les deux électro-aimants chargés d'entretenir le mouvement vibratoire. Deux vis de rappel K permettent de rapprocher ou d'éloigner à volonté les électro-aimants de leurs armatures, de manière à régler l'intensité des attractions.

Ces armatures sont formées de deux petites tiges en fer doux, vissées sur les deux branches du diapason, en regard des pôles des deux électro-aimants.

§ 4. — Du micromètre.

Le micromètre est monté dans un cadre qui est fixé, au moment du besoin, sur le chariot mobile et dont les montants (*a*) forment, en se rejoignant, une coulisse verticale de section carrée (*b*). Il se compose:

1° D'une lunette armée d'un réticule. Elle est portée, au moyen d'un collier, par une tige (*d*) qui glisse dans la coulisse (*b*), et qui est taraudée suivant son axe.

2° D'une vis micrométrique qui, d'une part, pivote dans un dé en acier fixé sur la traverse inférieure, de l'autre tourne dans un collet placé en dessous de la coulisse. Cette vis pénètre dans la partie taraudée de la tige, et permet ainsi d'élever ou d'abaisser progressivement la lunette.

Enfin, pour apprécier les déplacements verticaux, la vis porte un cercle divisé (*f*) qui tourne devant un repère.

Ce micromètre est représenté (*pl.* I, *fig.* 4, 5), au moyen de deux coupes verticales.

Les éléments qu'on vient d'énumérer constituent le chronographe proprement dit ; l'appareil complet comprend en outre :

1° Un appareil d'induction de Ruhmkorff.

2° Deux piles : l'une composée d'un nombre variable d'éléments de Bunsen, l'autre d'un seul élément Daniell.

3° Un interrupteur à mercure de M. Léon Foucaud.

CHAPITRE III.

1. JEU DE L'APPAREIL. — 2. LECTURE DES INDICATIONS.

1. — Jeu de l'appareil.

Ce qui a été dit dans l'exposé du principe de l'appareil suffit, avec la description qui précède, pour faire comprendre la marche des expériences.

1° On fixera la feuille de papier sur le cylindre ; le papier sera choisi de manière à présenter une surface régulière et bien glacée qui offre la moindre résistance possible au mouvement de la pointe vibrante. Pour le couvrir de noir de fumée, on promènera une lampe fumeuse sous le cylindre, en le faisant tourner lentement à la main. On s'arrêtera dès que le papier aura pris une teinte brune bien prononcée ; une couche de noir trop épaisse enlève aux traits toute leur netteté.

2° A l'aide de la vis de rappel du chariot mobile, on fait avancer lentement le diapason, de manière à mettre la pointe juste en contact avec le papier.

3° Le diapason étant au repos, on fera tourner le

cylindre de manière que la pointe décrive sur le noir de fumée une hélice moyenne dont nous verrons plus loin l'utilité pour la lecture des divisions. Cette opération permettra en même temps de constater si la pointe donne des traces bien nettes, tout en appuyant sans effort sur le papier. Puis on ramènera la vis à sa position initiale, en faisant tourner, à la main et en sens contraire, la vis qu'on aura d'abord désembrayée, et en écartant légèrement la pointe de la surface du cylindre.

4° On établit les deux circuits formés : l'un par la pile de Bunsen, la bobine inductrice de l'appareil Ruhmkorff et les cadres-cibles, dont la disposition dépendra du genre d'expériences qu'on veut exécuter ; l'autre par l'élément Daniell, l'interrupteur à mercure et les bobines des deux électro-aimants. On relie la bobine induite, d'une part avec le diapason au moyen de la presse F, de l'autre avec le cylindre.

5° On donne au diapason une première impulsion, en le faisant vibrer au moyen d'un archet ; la distance des électro-aimants aux armatures aura été réglée, une fois pour toutes, de manière à entretenir régulièrement le mouvement vibratoire.

L'appareil, ainsi disposé, est prêt à fonctionner. On met en mouvement le mécanisme moteur ; la vitesse va d'abord en augmentant rapidement, puis atteint, après un certain temps, une valeur à peu près constante ; à ce moment on embraie la vis sans fin, en donnant en même temps, le signal du feu. Les choses se passent comme il a été dit plus haut ; l'expérience achevée, la feuille de papier présente une série de zigzags traversés par une hélice moyenne, celle qu'on a tracée d'abord, et sur lesquels des trous espacés de distance en distance correspondent aux instants de passage du projectile à travers les différents cadres-cibles.

Avant d'enlever le diapason, on vérifie si la pointe au repos correspond encore exactement à l'hélice moyenne tracée avant l'expérience. Cela fait, on procède à la lecture des indications.

2. — Lecture des indications.

Elle se compose de deux opérations distinctes : 1° Le numérotage des divisions tracées par la pointe. — 2° Appréciation des instants correspondant aux traces produites par les étincelles.

§ 1. — Numérotage des divisions.

Il est essentiel de définir d'abord bien nettement le point pris pour origine de chaque vibration. Je considère une série de traces successives *a b c d e* (*pl. I. fig.* 6).

L'idée qui se présente la première à l'esprit consisterait à prendre pour le commencement et la fin de chaque vibration, les points *a b c*, etc. qui correspondent aux écarts extrêmes de la pointe vibrante. Cette méthode serait en effet la plus simple si ces traces formaient une ligne brisée présentant, à chaque intersection, un point nettement déterminé. Il est facile de reconnaître qu'il n'en sera pas ainsi. La vitesse de la pointe vibrante est nulle en ces deux points extrêmes, elle est maximum au point milieu ; la courbe décrite par cette pointe se présentera donc sous la forme d'un sinusoïde, tangente de part et d'autre aux deux hélices qui limitent les écarts extrêmes, et présentant, sur l'hélice moyenne, un point d'inflexion. En ce point l'angle de la tangente à la courbe et de l'hélice est maximum ; il est nul pour les points extrêmes. Il en résulte que la détermination des points d'écart extrême, qui ne sont autres que les points de tangence *a b c*, ne présenterait aucune certitude, tandis que les points de rencontre de la courbe avec l'hélice moyenne seront nettement définis. Ce sont ces points qui seront pris pour origines.

La durée d'une vibration simple sera donc le temps qui s'écoule entre deux passages consécutifs de la pointe à la position moyenne. C'est pour déterminer ces points qu'il est essentiel de tracer, avant l'expérience, l'hélice moyenne, et de vérifier, après, si elle correspond encore à la position de la pointe au repos.

On numérotera ces points de division de 10 en 10, à partir de celui qui précède immédiatement la trace laissée par la première étincelle. L'instant correspondant au passage de la pointe à cette division sera pris pour origine du temps et ce point sera numéroté 0.

Pour effectuer cette inscription, on appuie la main sur une traverse en bois portée par les supports ; on fait tourner lentement le cylindre ; les divisions viennent se présenter successivement devant la main de l'expérimentateur, qui inscrit les nombres correspondants, à l'aide d'une pointe fine portée par un manche.

§ 2. — Appréciation de l'instant correspondant à la trace produite par une étincelle.

Je considère une trace située en A et comprise entre les deux divisions 522 et 524. (*pl. I, fig.* 7.) L'instant qui correspond à cette trace est 523, plus une fraction ; c'est-à-dire qu'il s'est écoulé, depuis l'origine du temps jusqu'au moment de la production de l'étincelle qui a fourni cette indication, 523 millièmes de seconde, plus une fraction qu'il s'agit d'estimer.

§ 3. — Lecture faite à première vue.

Remarquons d'abord qu'on pourra apprécier, à vue, si le point **A** est compris dans la première ou dans la deuxième moitié de la vibration ; en lui attribuant donc la valeur de la division la plus voisine, on commettra une erreur moindre que $\frac{1}{2000}$ de seconde ; on pourrait même, sans plus de difficulté, estimer, par cette méthode, la demi-vibration, en commettant une erreur moindre que $\frac{1}{4000}$ de seconde.

On voit que l'appareil, par cette simple lecture faite à première vue, fournit déjà un degré d'exactitude supérieur à celui des chronographes fondés sur l'emploi du pendule. Quand ce degré d'approximation sera jugé suffisant, et ce sera le cas le plus fréquent, on attribuera au point **A** le numéro de la division ou de la demi-division la plus voisine.

§ 4. — Principe de l'emploi du micromètre pour la subdivision de la durée d'une vibration.

L'emploi du micromètre permet de pousser beaucoup plus loin l'approximation. Mais il est essentiel de montrer d'abord que le principe de la subdivision de la durée d'une vibration ne repose, en rien, ni sur la connaissance des lois du mouvement de la lame vibrante, ni sur celle du mouvement de rotation du cylindre.

En effet, la position du point A (*fig.* 8) résulte des deux déplacements b A′ du cylindre et b c de la pointe vibrante, exécutés tous deux dans le même temps t; c'est cette valeur t qu'il s'agit d'estimer. La connaissance de l'un de ces deux mouvements suffit complétement pour cela. Nous supposons les lois du mouvement vibratoire complétement inconnues. Quant au mouvement du cylindre, il n'est pas connu *a priori;* mais les indications fournies par l'appareil suffisent pour le déterminer complétement. En effet, les longueurs des divisions telles que b d donnant rigoureusement les espaces parcourus par un point de la surface dans chaque $\frac{1}{1000}$ de seconde, permettent de construire une courbe qui représentera la loi du mouvement avec une exactitude presque absolue.

Supposons qu'on ait tracé cette courbe, (*fig.* 9) pour les divisions qui avoisinent le point A, en prenant pour abcisses les longueurs $e'b'$, $e'd'$, $e'f'$ proportionnelles à eb, ed, ef qui représentent les espaces parcourus par le point A dans les temps 1, 2, 3, et, pour ordonnées des longueurs proportionnelles à ces temps. La valeur du temps t employé à parcourir l'espace bA' sera donnée par la différence $A''a$ entre les deux ordonnées $b'b''$ et $A'a$.

Cette méthode graphique contient la solution complète du problème, dans le cas le plus compliqué. Il était utile de l'indiquer pour montrer que le degré de précision de l'appareil ne dépend en rien des variations du mouvement du cylindre ; mais cette méthode se simplifie considérablement dans la pratique.

En effet, dans la discussion qui précède, nous n'avons pas tenu compte des données relatives au mouvement du cylindre. Ce mouvement n'est pas uniforme, il est seulement régularisé par la résistance de l'air sur les ailettes du tourne-broche. Dans ces conditions, les variations que pourra subir la vitesse, dans des espaces de temps aussi petits que $\frac{1}{1000}$ de seconde, seront complétement insensibles ; et l'on pourra admettre que chacune des divisions eb, bd, df, a été parcourue d'un mouvement uniforme par le cylindre ; ce qui revient à substituer à la courbe $m\ n\ p$ la ligne polygonale $e'\ b''\ d''\ f''$, et à prendre, pour mesure du temps t l'ordonnée $A'\alpha$ de la droite, au lieu de $A''a$ ordonnée de la courbe.

Le temps t sera alors déterminé par une simple proportion.

$$t = \frac{bA'}{bd}.$$

L'erreur commise est égale à $a\alpha$.

§ 5. — Limite de l'erreur commise dans cette subdivision.

Pour avoir une limite de cette erreur, supposons aux variations du mouvement du cylindre, une valeur bien supérieure à celles qui pourront se produire effectivement. Admettons, par exemple, que la vitesse du cylindre au point b étant de 3^m par seconde, le mouvement soit soumis à une cause accélératrice dont l'intensité soit supérieure à celle de la pesanteur et capable de produire une accélération de 10 mètres par seconde ; c'est une hypothèse évidemment bien exagérée.

Si on prend le millimètre et le millième de seconde pour unités de longueur et de temps, la vitesse est encore exprimée par le même nombre 3, l'accélération devient $\frac{10}{1000} = 0,01$.

La valeur maximum de l'erreur $a\alpha$ correspond au point milieu de bd. Or en supposant l'accélération constante pendant la durée d'une vibration, chaque division est parcourue d'un mouvement uniformément accéléré ; on a donc :

$$bd = 3 + \frac{1}{2} 0,01 = 3,005.$$

$$\frac{1}{2} bd = 1,5025,$$

Le temps employé à parcourir cet espace, d'un

mouvement uniformément accéléré, est donné par l'équation :

$$1,5025 = 3t + \frac{1}{2} 0,01\, t^2,$$

d'où l'en tire :

$$t = 0,5004.$$

L'hypothèse du mouvement uniforme dont la vitesse serait égale à la vitesse moyenne 3,005 donne pour la durée du parcours de $\frac{1}{2}$ *bd* :

$$\theta = 0,500.$$

L'erreur commise est donc :

$$t - \theta = 0,0004,$$

c'est-à-dire une quantité plus petite que 1/2 millionième de seconde. On peut donc considérer cette méthode comme rigoureusement exacte. L'emploi du micromètre, pour subdiviser la durée d'une vibration, est ainsi complétement justifié, et ne pourra, théoriquement, donner lieu à aucune erreur.

§ 6. — Usage du micromètre.

L'usage de cet instrument est très-simple ; il se réduit à la mesure du rapport des deux longueurs *b*A' et *bd*. Pour y arriver, on fait tourner lentement le cylindre jusqu'à ce que la division (*b*), qui précède immédiatement le point A, soit cachée par la croisée des fils du réticule ; puis on abaisse la lunette à l'aide de la vis micrométrique, jusqu'à ce que la croisée des fils se trouve successivement en contact avec la trace A de l'étincelle et la division suivante (*d*). On compte le nombre de divisions du cercle qui, ont passé, dans ces deux cas, devant le repère. Le rapport de ces deux nombres est égal à celui des deux déplacements verticaux de la lunette ; il donne donc directement le temps cherché.

Il résulte de cette discussion que cette méthode, loin de reposer en rien sur la connaissance, soit du mouvement du diapason, soit de celui du cylindre, donnerait au contraire un moyen simple et rigoureux pour étudier les lois de ces deux mouvements.

L'emploi du diapason pourrait donc être généralisé, à ce point de vue, et servir de base à l'étude d'un mouvement quelconque en permettant d'apprécier les plus légères variations.

On voit de plus que la lecture faite au micromètre donne directement le temps cherché, sans qu'il faille recourir à l'emploi de formules, dont l'exactitude repose, le plus souvent, sur des données connues avec trop peu d'approximation, pour ne pas entraîner à des erreurs, quand il s'agit d'estimer des quantités aussi petites.

CHAPITRE IV.

1. DÉTERMINATION DU DEGRÉ D'EXACTITUDE. — 2. VÉRIFICATION DE L'ISOCHRONISME ET MESURE DE LA DURÉE D'UNE VIBRATION.

1. — Détermination du degré d'exactitude.

§ 1. — Influence de l'amplitude sur le degré d'exactitude.

Le nombre de parties dans lesquelles on pourra fractionner une division est évidemment proportionnel à sa longueur; à la condition toutefois que la netteté des points qui servent à la déterminer, n'en soit en rien altérée. Le degré d'exactitude du chronographe augmente donc aussi dans le même rapport. Cette longueur, c'est l'espace moyen parcouru par le cylindre pendant la durée d'une vibration. Il semble donc, d'après cela, qu'on pourrait reculer indéfiniment les limites de l'approximation, en augmentant de plus en plus la vitesse de rotation du cylindre Mais cette vitesse n'est pas complétement arbitraire; elle doit être en rapport avec l'amplitude des vibrations, pour que les points de division conservent une netteté suffisante.

§ 2. — Relation entre la vitesse du cylindre et l'amplitude.

On a vu que les points pris pour origine de chaque vibration étaient donnés par les intersections de la courbe décrite par la pointe avec l'hélice moyenne. Pour que ces points puissent être nettement déterminés, il faut que ces lignes ne se rencontrent pas sous un angle plus petit que 45°.

Cette condition sera satisfaite, si la vitesse v de la pointe, à sa position moyenne, est égale à la vitesse du cylindre en ce point.

Or, la vitesse de la pointe, à sa position moyenne, est plus grande que sa vitesse moyenne, laquelle est précisément égale à l'amplitude (a), si on prend pour unité de temps la durée d'une vibration.

On pourrait calculer v en fonction de a au moyen des formules données par la théorie des lames vibrantes ; mais comme il ne s'agit ici que d'un à peu près, nous supposerons

$$v = \frac{3}{2} a,$$

On devra donc prendre pour valeur maximum de la vitesse du cylindre $\frac{3}{2} a$.

Si le cylindre a 1 mètre de circonférence, sa vitesse, exprimée en millimètres, est égale au nombre de tours par seconde. On arrive ainsi à cette conclusion, que le nombre de tours par seconde ne doit pas dépasser les $\frac{3}{2}$ de l'amplitude exprimée en millimètres.

Le degré d'exactitude étant, d'après cela, proportionnel à l'amplitude des vibrations, la construction du diapason devra être surtout dirigée en vue de leur donner le plus d'étendue possible.

Pour un diapason faisant 1000 vibrations par seconde, l'amplitude peut atteindre aisément 2 millimètres, et on parviendrait peut-être à l'augmenter encore. On pourra donc donner au cylindre une vitesse de 3 tours par seconde. Une vibration simple serait alors représentée par une longueur moyenne de 3 millimètres.

§ 3. — Degré d'exactitude.

On ne peut rien affirmer d'avance sur le nombre de parties dans lesquelles on pourra subdiviser cette longueur de 3 millimètres, à l'aide du micromètre ; ce nombre ne dépend que de la netteté des lignes tracées par la pointe.

L'expérience seule peut répondre d'une manière positive à cet égard.

Si on ne peut estimer des fractions plus petites que $\frac{1}{10}$ de millimètre, les erreurs de lecture seront plus petites que $\frac{1}{30}$ d'une division ; le degré d'exactitude sera ainsi limité à $\frac{1}{30000}$ de seconde. Si le micromètre permet d'apprécier des $\frac{1}{20}$ de millimètre, on pourra fractionner une division en 60 parties, c'est-à-dire estimer des $\frac{1}{60000}$ de seconde.

L'appréciation de $\frac{1}{20}$ de millimètre est loin de paraître exagérée, si on la compare à certaines expériences de physique, celle de l'optique supérieure, par exemple, où l'on arrive à estimer des longueurs quelquefois plus petites que $\frac{1}{100}$ de millimètre.

§ 4. — Examen des indications laissées sur le noir de fumée.

Il reste à examiner maintenant si les indications laissées par la pointe sur le noir de fumée se prêtent à des appréciations très-exactes. Le noir de fumée, grâce à son extrême divisibilité, permet d'obtenir des traits d'une très-grande finesse. J'ai pu diviser 1 millimètre en 10 parties, avec la pointe d'un petit compas à vis de rappel, ce qui suppose aux traits une épaisseur moindre que $\frac{1}{20}$ de millimètre. Il faut, pour cela, que la couche de noir de fumée ne soit pas trop épaisse ; la teinte brun-foncé du papier correspond à une épaisseur très-convenable.

Le trou produit par l'étincelle peut être aussi fin qu'on voudra ; il suffit pour cela de régler convenablement la force de la pile par rapport à l'épaisseur du papier.

Il était à craindre que ce trou si fin ne fût caché sous le noir de fumée ; j'en ai fait l'expérience, et il arrive fort heureusement que l'étincelle, par son passage, projette une petite quantité de noir de fumée, et met le papier à découvert. Il se produit un petit cercle blanc très-régulier et très-net, au centre duquel on aperçoit le trou produit par l'étincelle. Grâce à ces cercles blancs qui se détachent sur le fond noir, la recherche des traces des étincelles ne présente aucune difficulté. Le papier n'exige aucune des préparations chimiques qui sont nécessaires pour les rendre visibles sur un papier blanc.

On voit donc que toutes les circonstances les plus favorables semblent se réunir pour donner aux mesures toute la simplicité et toute la précision désirables.

2. — Vérification de l'isochronisme et détermination de la durée d'une vibration.

On a supposé, dans tout ce qui précède, l'isochronisme parfait des vibrations et la connaissance exacte du nombre de ces vibrations par seconde. Cette hypothèse, sur laquelle repose essentiellement le principe de l'appareil, demande une vérification certaine.

§ 1er. — Travaux de M. Lissajoux.

L'étude expérimentale des mouvements vibratoires était peu avancée jusqu'à ces derniers temps, mais tout récemment, un habile physicien, M. Lissajoux, en a fait l'objet des plus intéressantes recherches. La méthode optique, imaginée par lui, fournit un moyen d'investigation aussi rigoureux qu'élégant.

L'isochronisme des vibrations, dans le seul cas qui nous intéresse, celui où le mouvement vibratoire est entretenu par le petit appareil imaginé par M. Lissajoux, a été ainsi complétement démontré. Il resterait cependant à étudier encore l'influence que le frottement de la pointe peut exercer sur l'isochronisme.

Enfin, le même physicien, chargé des recherches relatives à l'établissement du nouveau diapason prototype, et principalement à la détermination du nombre de vibrations, doit publier prochainement les résultats de ces travaux qui seront de nature à résoudre complétement cette question.

Mais, pour des mesures aussi délicates, on ne saurait avoir trop de vérifications. L'auteur croit donc utile d'indiquer les expériences qu'il avait imaginées dans ce but, avant que M. Lissajoux ait eu la complaisance de lui faire part de ses recherches et de l'aider de ses conseils.

§ 2. — Indication des expériences à faire au moyen du chronographe.

Quand on veut atteindre, dans les mesures du temps, une extrême exactitude, la difficulté principale consiste dans l'appréciation rigoureuse des instants initial et final. Le chronographe nous fournit un mode d'expérimentation qui résout directement cette difficulté.

Imaginons pour cela :

1° Le chronographe disposé comme il a été dit plus haut;

2° Un pendule donnant lieu, toutes les demi-secondes ou toutes les secondes, à une interruption dans un courant électrique qui circule dans la bobine inductrice de l'appareil Ruhmkorff.

Chaque rupture donnera lieu à une étincelle qui indiquera la position précise de la pointe au commencement de chaque seconde, et permettra par suite d'estimer, avec toute l'exactitude dont le chronographe est susceptible, c'est-à-dire à $\frac{1}{60}$ près, à quelle fraction de vibration correspond l'instant initial pour chaque unité de temps.

Cette disposition permettra de vérifier l'isochronisme et de mesurer la durée d'une vibration avec la plus grande précision. Il est inutile d'entrer ici dans les détails relatifs à ces expériences, il suffit de remarquer que les avantages de cette méthode consistent :

1° En ce que toute les mesures sont obtenues dans des circonstances identiques à celles qui se présenteront dans l'usage du chronographe ;

2° Dans la détermination rigoureuse des instants initial et final, au moyen des trous produits par les étincelles ; ce qui permettra, non-seulement de compter le nombre entier de vibrations exécutées dans un temps donné, mais encore d'apprécier des fractions très-petites, $\frac{1}{60}$ environ;

3° Dans la possibilité d'entretenir le mouvement vibratoire, et par suite, de compter le nombre de vibrations exécutées dans des intervalles de temps assez grands pour réduire les erreurs au delà de toute limite.

Supposons, par exemple, que le nombre de vibrations exécutées pendant 20 secondes ait été trouvé égal à 20,000 ; ce nombre ayant pu être obtenu à $\frac{1}{60}$ de vibration près, grâce aux deux traces des étincelles qui déterminent le commencement et la fin de ces 20 secondes ; il s'ensuit que la durée d'une vibration sera connue avec une approximation égale à

$$\frac{1}{60} \times \frac{1}{20000} = \frac{1}{1200000} \text{ de seconde.}$$

Pour arriver au même degré d'exactitude par la méthode ordinaire, dite *méthode graphique*, il aurait fallu compter le nombre de vibrations exécutées pendant 20 minutes au lieu de 20 secondes.

La réduction de l'erreur n'a donc d'autre limite que celle de l'exactitude même du pendule.

Or l'horloge électrique de M. Liais, construite pour l'Observatoire éprouve des variations qui ne dépassent pas $\frac{1}{10}$ de seconde en 24 heures, c'est-à dire $\frac{1}{864000}$ par seconde; telle sera donc la limite du degré d'exactitude qu'on peut atteindre pour ces mesures.

En résumé, ces expériences faites, soit par la méthode optique soit au moyen du pendule, fourniront des résultats dont la précision dépasse de beaucoup ce qu'il est utile de conserver pour l'usage du chronographe ; elles n'influeront donc en rien sur le degré d'exactitude de l'appareil.

Les causes qui donnent la véritable limite de l'approximation se réduisent donc à deux :

1° Amplitude des vibrations ;

2° Netteté des indications fournies par la pointe.

CHAPITRE V.

APPLICATION AUX EXPÉRIENCES DE BALISTIQUE.

1. — Détermination complète des trajectoires.

§ 1er. — Cibles-réseaux.

Je prendrai pour exemple le cas le plus complexe, celui de la détermination complète d'une trajectoire.

On emploie pour cela des cibles-réseaux de deux espèces, destinées à donner, les unes des ruptures, les autres des fermetures dans le courant, quand elles sont traversées par un projectile. Nous les désignerons, pour les distinguer, sous les noms de cibles *disjonctrices* et cibles *conjonctrices*.

Les premières se composent d'un cadre en bois dont les traverses inférieure et supérieure servent à fixer un fil métallique continu et bien tendu, qui se replie suivant des directions verticales espacées d'une quantité telle que le projectile, en passant, coupe nécessairement le fil. Cet espacement doit être égal au $\frac{2}{3}$ du calibre. Une instruction sur l'appareil électro-balistique de M. Navez, publiée dans les numéros 62 et 63 du *Journal des sciences militai-*

res, traite cette question de la manière la plus complète.

Les autres cibles sont formées de la manière suivante : (*pl. II*, *fig.* 1).

Un cadre en bois dont les montants portent, sur leurs faces intérieures, des poulies distantes, d'axe en axe, d'une quantité égale aux $\frac{4}{3}$, et dont le diamètre est égal aux $\frac{2}{3}$. du calibre. Sur les gorges de ces poulies passe un fil de soie suffisamment résistant, qui se replie suivant des directions horizontales et qui est attaché, par son extrémité supérieure, à un crochet, et par son extrémité inférieure à un poids tenseur.

Le conjoncteur proprement dit, fixé à la partie supérieure de l'un des montants, est représenté *fig.* 2 et 3 au moyen d'une coupe et d'un plan. Il est formé par une plaque de cuivre recouverte de platine **A**, qui communique à une presse (*m*) ; une plaque semblable **B** est portée à l'extrémité d'un levier **BD**, pivotant en C.C. sur deux supports, et terminé par un crochet B. Un ressort **F** maintient cette seconde plaque fortement appuyée sur la première. Ce levier communique, par l'intermédiaire des supports, avec une seconde presse (*n*).

L'extrémité du fil de soie étant attachée au crochet D, la tension produite par le poids soulève la plaque B d'une petite quantité qui est réglée par un arrêt H. Le tout est porté par une surface isolante et protégé par un petit toit en zinc.

Si on suppose les deux extrémités d'un circuit électrique en communication avec les deux plaques, au moyen des presses *m* et *n*, la rupture du fil permettra au ressort d'agir sur le levier, et les deux plaques, mises en contact, fermeront le circuit et établiront ainsi une conjonction.

§ 2. — Premier dispositif.

Supposons qu'on veuille obtenir les durées des trajets entre des points espacés de 50 en 50 mètres sur tout le parcours du projectile, le premier point étant placé à une distance déterminée, 10^m, par exemple, de la bouche de la pièce.

La disposition de l'expérience est représentée (*fig.* 4).

En chacun des points où l'on veut observer le passage du projectile, on place une cible disjonctrice; dans chaque intervalle on dispose une cible conjonctrice. Ces cibles sont numérotées 1, 2, 3, etc., à partir de la pièce.

Deux fils portés sur des poteaux courent parallèlement à la ligne des cibles. L'un, le fil supérieur, est continu; l'autre, le fil inférieur, est interrompu à chaque cible conjonctrice, et mis en communication avec les deux plaques du conjoncteur au moyen des deux presses. Dans tous les conjoncteurs les plaques mobiles sont levées par l'action des poids tenseurs.

Les deux extrémités du fil de chaque cible disjonctrice sont reliées, l'une avec le fil continu, l'autre avec le fil discontinu.

Enfin, le premier de ces fils vient se terminer à l'une des presses de la bobine inductrice de l'appareil Ruhmkorff; le second est en communication avec l'un des électrodes de la pile de Bunsen, dont l'autre électrode est relié par un fil à la seconde presse de la bobine inductrice.

Le chronographe est disposé comme il a été dit plus haut.

La marche du courant est facile à suivre. La pile étant mise en activité, le courant passe dans la cible n° 1; le projectile, en traversant cette cible, produit une rupture qui donne lieu à une première étincelle; en traversant la cible n° 2, il coupe le fil de soie et rétablit, grâce au contact des deux plaques, la continuité du fil inférieur jusqu'à la cible n° 3 qui donne, dès lors, passage au courant. Le passage du projectile dans cette cible donne lieu à une seconde étincelle, et ainsi de suite.

En résumé, le projectile interrompt le circuit et donne lieu à une étincelle en traversant chacune des cibles d'ordre impair ; il le rétablit, sans produire d'indication, en traversant les cibles d'ordre pair.

L'expérience achevée, il suffira de réunir, par un fil métallique, les extrémités de chaque fil coupé, et de renouer les fils de soie, pour que l'appareil se trouve disposé pour une nouvelle expérience.

L'avantage de ce dispositif consiste principalement dans l'emploi d'un seul circuit et d'une seule pile, d'où il résulte à la fois une grande simplicité et une économie très-notable dans les expériences.

Il faut remarquer toutefois que les ruptures du circuit, et par suite la production des étincelles correspondent à l'instant du passage du centre du projectile dans le plan du réseau, abstraction faite de la flexion du fil avant la rupture; tandis que, pour les fermetures, il faut un certain temps au ressort pour se débander et établir la communication. Il n'y a du reste à cela aucun inconvénient, puisque le rétablissement du courant ne donne lieu à aucune indication. La seule condition à remplir, c'est que la fermeture ait lieu avant que le projectile atteigne la cible disjonctrice suivante. Il suffira pour cela que la distance entre les deux plaques du conjoncteur soit assez petite, et que le ressort ait une force suffisante pour donner une détente très-brusque. Pour le même motif, chaque cible conjonctrice sera placée à une faible distance de la cible disjonctrice qui la précède immédiatement.

§ 3. — Deuxième dispositif.

La *fig.* 5 représente une disposition dans laquelle la première étincelle est produite à l'instant de l'inflammation de la charge, ou, plus exactement, à l'instant précis de la séparation de l'étoupille avec la lumière de la pièce.

La pièce est en communication avec le fil supérieur, au moyen d'un fil enroulé en spirale, de manière à ne pas être rompu par le recul; l'étoupille avec le fil inférieur par l'intermédiaire d'un tire-feu métallique.

Dans ces conditions, le courant est établi par le contact entre l'étoupille et la lumière, et la première disjonction a lieu à l'instant de l'arrachement de l'étoupille. La pièce remplace la première cible disjonctrice, pour tout le reste la disposition est la même que dans le cas précédent.

Si l'on voulait employer ce dispositif, il faudrait, avant d'introduire l'étoupille dans la lumière, essayer si la communication est suffisamment assurée entre la scie et le tube de l'étoupille. Dans le cas contraire, on pourrait craindre que le passage du courant ne donnât lieu, soit à des étincelles, soit à un développement de chaleur capable d'enflammer la matière fulminante et de causer des accidents.

2. — Expériences sur un conjoncteur instantané.

Les conjonctions produites par les cibles décrites plus haut ne sont pas instantanées. Si on voulait observer le passage d'un projectile, entre des points très-rapprochés, leur emploi deviendrait insuffisant; une fermeture instantanée serait indispensable.

J'ai pu, grâce à la bienveillance de M. le général comte de Monet, faire à cet égard quelques expériences, qui, si elle ne donnent pas la solution complète de la question, indiquent du moins la marche à suivre pour y arriver.

Deux cadres en bois, garnis sur une de leurs faces d'une feuille métallique très-mince, ont été fixés, au moyen de liteaux, entre deux poteaux verticaux, de telle sorte que les deux feuilles métalliques, distantes de 15 millimètres, fussent bien parallèles et isolées l'une de l'autre; chacune d'elles était en communication avec l'une des extrémités d'un circuit électrique. Une boussole de tangentes placée dans ce circuit permettait de constater le passage du courant.

Un canon-obusier de 12 léger, a été placé à 20 mètres du cadre ; j'espérais que le passage du boulet donnerait lieu à un contact persistant entre les feuilles métalliques et produirait ainsi une conjonction instantanée.

Voici les résultats de ces expériences qui ont été faites en tirant seulement six coups à boulet.

Première expérience.

Les deux feuilles employées sont en plomb d'une épaisseur de 0^m 75.

L'aiguille de la boussole éprouve une secousse produite par la fermeture momentanée du circuit pendant le passage du projectile. Le contact entre les deux feuilles n'est pas établi.

La feuille antérieure est percée d'un trou très-régulier qui, vu de face, forme un polygone à peu près régulier de 11 côtés correspondants aux déchirures produites dans la feuille. En profil, la portion de métal comprise entre deux déchirures est enroulée très-régulièrement et forme des rebords dont la saillie sur le plan de la feuille est d'environ 10 millimètres. Ces rebords développés reproduisent une circonférence exacte, de même diamètre que le boulet.

L'ouverture produite dans la seconde feuille présente un aspect complétement différent ; les déchirures ont beaucoup plus d'étendue ; les rebords sont encore enroulés avec une certaine régularité, mais leurs circonvolutions sont plus grandes, et le diamètre de l'ouverture est considérablement augmenté, de telle sorte que les rebords de la première feuille ne peuvent toucher la seconde en aucun point (*fig.* 6).

Cette différence si complète entre les trous produits par le même boulet dans deux feuilles aussi rapprochées, tient à la compression rapide de l'air entre les deux feuilles. Cette compression augmente les déchirures et cause les irrégularités qu'on a remarquées dans la deuxième feuille. Ce qui le prouve, c'est le refoulement, en sens contraire, de la marche du boulet, qu'on observe aux points d'appui de la feuille sur son cadre, et qui n'a pu être produit que par une pression de l'air très-considérable.

Deuxième et troisième expériences.

Les expériences n°s 2 et 3, faites en tirant deux nouveaux coups sur les mêmes cadres qui ont servi à la première expérience, ont confirmé l'explication donnée plus haut de l'effet dû à la compression de l'air.

Les déchirures de la deuxième feuille ont moins

d'étendue, et la saillie des rebords diminue ainsi que le diamètre moyen de l'ouverture ; ce qui s'explique tout naturellement parce que l'air pouvant s'échapper, en partie, par les ouvertures déjà existantes éprouve une compression moins rapide. L'expérience n° 3, a donné lieu à une conjonction produite par un seul point de contact entre les deux feuilles.

Quatrième expérience.

Cette expérience faite avec deux feuilles de plomb de 0m 25 d'épaisseur n'a donné aucun résultat, les feuilles ont été arrachées à cause de leur trop faible épaisseur.

Cinquième et sixième expériences.

Dans les expériences 5 et 6, on a employé des feuilles de zinc qui ont donné lieu dans les deux cas à la fermeture du courant.

L'aspect des ouvertures est complétement différent de ce qu'on a observé dans les feuilles de plomb. Elles ne présentent plus aucune régularité. Les déchirures sont moins nombreuses, mais plus étendues, et terminées par des pointes aiguës ; les rebords sont redressés jusqu'à angle droit sur le plan de la feuille, sans être enroulés, et en présentant une saillie beaucoup plus grande que les feuilles de plomb.

De plus le diamètre moyen de l'ouverture obtenue en abattant les rebords et en redressant la surface, est plus petit que celui du projectile.

Dans les deux cas le contact a eu lieu entre quelques points seulement ; et deux feuilles de zinc, ainsi disposées, ne donneraient pas encore un moyen de conjonction suffisamment assuré.

Les résultats de ces expériences sont résumés dans le tableau suivant (*Voir le tableau ci-contre*).

Aucun des deux moyens employés ne donnerait des résultats complétement assurés, mais il résulte des observations faites dans ces expériences ;

1° Qu'en employant du zinc pour le premier cadre et du plomb pour le second, les saillies formées par les déchirures de la première feuille seraient plus grandes que celles de la feuille de plomb, et par suite la toucheraient en plusieurs points ;

2° En remplaçant la 1re feuille métallique par un treillage en fil de fer ou de cuivre, la compression de l'air entre les deux cadres disparaîtrait complétement, l'ouverture faite dans la feuille de plomb du second cadre conserverait donc toute la régularité qu'on a observée dans tous les cadres antérieurs garnis de plomb ; et par suite les extrémités du treillage, recourbés par le projectile, toucheraient né-

NATURE du métal.	ÉPAISSEUR des feuilles.	NUMÉROS des expériences.	INDICATION des cadres.	NOMBRE des déchirures	LONGUEUR des déchirures.		DIAMÈTRE moyen de l'ouverture.	DIAMÈTRE moyen, les rebords déroulés.	SAILLIE des rebords.		OBSERVATIONS.
					Plus petite.	Plus grande.			Plus petite.	Plus grande.	
Plomb.	0,75	1er....	Antérieur.	11	15	35	176	117,5	8	10	Pas de contact
			Postérieur.	9	80	140	215	»	25	50	
		2e....	Antérieur.	11	15	40	175	117.5	8	11	Pas de contact
			Postérieur.	8	40	60	180	»	11	40	
		3e....	Antérieur.	11	15	50	160	118	3	10	Contact en 1 point.
			Postérieur.	7	30	70	173	»	10	20	
	0,25	4e....	»	»	Les deux feuilles ont été arrachées.					»	
Zinc.	0,45	5e....	Antérieur.	6	100	180	215	80	50	95	Contact en 3 points
			Postérieur.	5	115	190	223	»	63	113	
		6e....	Antérieur.	6	114	200	225	83	43	100	Contact en 1 point.
			Postérieur.	6	114	212	230	»	52	119	

cessairement la feuille de plomb en un grand nombre de points.

Comme on le voit, ces expériences ne donnent pas encore une solution complète de la question ; le temps a manqué pour les achever, mais les indications qu'elles ont fournies montrent suffisamment la possibilité d'établir des conjoncteurs qui satisfassent à cette condition, que la fermeture du courant corresponde à l'instant précis où le projectile touche la feuille du second cadre.

Discussion sur un calcul de M. le capitaine Navez relatif à l'espacement des fils des cibles.

Une autre observation faite dans ces expériences c'est que le passage du projectile à travers les deux cadres a toujours donné lieu à une fermeture du courant, lors même que les feuilles métalliques n'étaient pas en contact, c'est donc le projectile qui a servi, dans ce cas, de conducteur de l'électricité.

Cette remarque est en désaccord avec une condition relative à l'espacement des fils des cadres-cibles, qui est posée dans l'instruction sur l'appareil électro-balistique du capitaine Navez (*Journal des sciences militaires*, mars 1859, page 353).

Voici ce passage :

« Quand il s'agit des projectiles de l'artillerie, l'es-

» pacement des fils doit satisfaire à une seconde con-
» dition. En effet, le projectile peut pénétrer plus
» ou moins entre deux lignes de fil, avant d'ar-
» river au contact ; s'il pénètre de quantités diffé-
» rentes entre les fils du premier cadre et ceux du
» second, il aura réellement parcouru, pendant le
» temps qui se sera écoulé entre les deux ruptures
» successives, un espace plus grand ou plus petit que
» celui qui sépare les deux cadres-cibles. La circon-
» stance la plus défavorable se présentera, lorsque le
» point antérieur du projectile se sera trouvé en
» contact avec le fil de l'un des cadres et aura passé
» au milieu de deux fils de l'autre (*fig*. 7). Soit K la,
» variation que peut amener, en plus ou en moins
» dans la distance considérée, la cause d'erreur dont
» il est question ; soit E l'espace compris entre deux
» lignes parallèles du fil de cuivre. On aura, en pre-
» nant pour unité le diamètre du projectile ,

$$K=\frac{1}{2}-\sqrt{\frac{1}{4}-\frac{E^2}{4}}$$

ce calcul repose essentiellement sur cette hypothèse, que, la rupture du courant coïncide avec celle du fil. Or, après avoir rompu le fil, le projectile continue, pendant une portion de son parcours, à s'appuyer sur ses deux extrémités.

Le raisonnement du capitaine Navez conduirait donc à admettre que, dans ce cas, le projectile ne peut servir de conducteur à l'électricité. Ce fait a été, il est vrai, vérifié pour un boulet couvert de rouille, mais c'est là une exception qu'il sera toujours facile d'éviter. La remarque faite plus haut montre que le projectile, par son passage à travers deux feuilles métalliques, a toujours fourni un excellent conducteur ; l'expérience faite sur un boulet non couvert de rouille, en repos, a donné aussi le même résultat. Il est donc plus naturel d'admettre que la rupture du courant correspond à l'instant précis, où le boulet se sépare des extrémités du fil rompu.

Or, cet instant est invariable, quelle que soit la position des fils par rapport au boulet ; il correspond toujours exactement au passage du centre du projectile dans le plan du réseau, abstraction faite de la flexion du fil qui précède la rupture.

Choix du métal à employer pour le réseau des cadres-cibles.

L'emploi de fils en cuivre ou en fer me semble également défectueux pour les cadres-cibles. La rupture de ces fils est, en effet, précédée d'une flexion assez considérable et qui varie, non-seulement suivant la distance et la solidité des points d'appui, mais encore, et surtout, suivant la position du projectile au moment de la rencontre. Il est évident, en effet, que la flexion sera très-différente, suivant que le fil sera rencontré, normalement par le point antérieur du boulet, ou obliquement par l'un des points voisins. Ces variations dans la flexion pourraient donc donner lieu à des erreurs, qui pourraient être très-sensibles dans l'estimation des distances.

Il faudra donc s'attacher à choisir un métal présentant la moindre ténacité possible. Le plomb découpé en rubans satisfait très-bien à cette condition. Il suffira de calculer les dimensions, largeur et épaisseur, eu égard à la conductibilité du plomb, de manière à ne pas offrir une résistance trop considérable au passage du courant.

Il serait facile d'imaginer une disposition permettant d'employer ces rubans de manière à en former un réseau. On pourrait, par exemple, serrer chaque ruban, au moyen de pinces fixées sur les traverses de la cible, et reliées de deux en deux par des fils de cuivre.

Étude du mouvement du projectile dans l'âme.

Le degré d'exactitude du chronographe permettrait d'aborder l'intéressante question de l'étude du mouvement du projectile dans l'âme de la pièce.

Ici la principale difficulté consiste :

1° Dans l'établissement de fils tendus dans l'âme capables de résister à l'action des gaz de manière à n'être coupés que par le passage du projectile et destinés à donner des ruptures dans des circuits électriques;

2° Dans la disposition à donner aux fils conducteurs pour assurer leur isolement et les mettre à l'abri du projectile et surtout des gaz.

Supposons que, suivant les deux génératrices de l'âme, situées dans un même plan horizontal passant par l'axe du canon, on ait pratiqué dans l'âme deux rainures ayant le profit indiqué (*pl. III*, *fig.* 2). La partie (*a b c*,) sert de logement aux fils conducteurs qui sont noyés dans de la gutta-percha et sont réunis en câble, à la manière des fils des télégraphes sous-marins. La partie (*d e f g*) forme une coulisse dans laquelle peut glisser une tige en acier (B) destinée à protéger le câble des fils conducteurs et à servir d'appui aux fils tendus dans l'âme.

Considérons les deux fils conducteurs (*a a*) (*fig.* 1), qui correspondent à un même circuit. Ils viennent se terminer devant deux trous taraudés A, A, pratiqués dans les deux tiges (B, B) et situés en regard l'un de l'autre sur une même perpendiculaire à l'axe de la pièce. Des chevilles en bois dur, solidement vissées dans ces trous, supportent, en l'isolant, une tige transversale en acier *c*, qui ferme le circuit formé par les deux fils (a, a) et dont la rupture, à l'instant du passage du projectile, donnera lieu à une interruption dans le courant électrique, et par suite à une étincelle dans le chronographe, qui comprendra, pour cette expérience autant d'appareils d'induction disposés en série et autant de piles qu'on voudra observer de points de passage du projectile.

La tige C devra présenter une section capable de résister à l'action des gaz ; on lui donnera la forme d'un biseau (*fig.* 3), de manière à n'offrir qu'une faible surface dans le sens du mouvement ; il faudra de plus que sa résistance ne soit pas trop considérable de manière à ne pas occasionner un trop grand effort aux points d'appui sur les deux tiges BB engagées dans les coulisses.

Celles-ci doivent être disposées de manière à résister à l'action des gaz, qui tend à les arracher de leurs coulisses, et à celle des chocs du projectile contre les tiges transversales, qui tend à les projeter hors de la bouche à feu.

La forme trapézoïdale des coulisses et le biseau (F) qui termine chaque tige et s'engage dans des logements préparés aux extrémités des coulisses sont de nature à résister à l'action de soulèvement ; enfin des arrêts (d) vissés dans des rainures pratiquées à la fois dans la bouche à feu et dans les tiges maintiennent celles-ci contre l'effet des chocs du projectile.

Les deux tiges B., assemblées d'avance par les lames transversales, et portant, sur leurs faces extérieures les câbles des fils conducteurs, formeront un cadre qu'il sera facile d'introduire dans les coulisses au moment de l'expérience.

Ce système offrirait l'avantage de pouvoir se réaliser sans sacrifier une pièce ; il suffirait, en effet, d'employer une pièce de 24 forée d'abord au calibre de 12, les rainures ayant une profondeur moindre que la différence des calibres de 12 et de 24, on pourrait après les expériences achever le forage de la pièce. L'inconvénient capital c'est qu'il ne pourrait s'appliquer aux canons rayés.

M. le colonel Treuil, dont le nom est aujourd'hui une autorité pour toutes les questions de ce genre, pense que la seule méthode à employer consiste à déterminer la vitesse à la sortie de la bouche à feu. En coupant successivement la pièce à diverses longueurs, on aurait ainsi la vitesse en différents points de l'âme. C'est là un moyen éminemment pratique, et qui donnerait une solution au moins approchée de la question. Sera-t-il permis à un officier aussi inexpérimenté que l'auteur de ce mémoire d'émettre ncore une idée après une opinion d'un si grand poids?

Le défaut de cette méthode est évident, c'est de ne pas permettre d'observer les vitesses successives d'un même projectile; il suffit d'avoir lu quelques tables d'expériences pour savoir combien sont variables les effets de charges de poudre placées cependant dans des conditions qui paraissent identiques. Il serait donc du plus haut intérêt de pouvoir suivre, comme on l'a indiqué, pour la trajectoire, *le même projectile* pendant son parcours dans l'âme.

On pourrait peut-être y arriver de la manière suivante : Aux deux extrémités d'un même diamètre horizontal, on loge, dans l'épaisseur du métal, deux grains de lumière placés dans le prolongement l'un de l'autre et disposés comme l'indique la *fig.* 4. Une ouverture légèrement tronconique, dont la petite base est à l'intérieur, est préparée dans chaque grain. Une cheville en bois A, percée elle-même d'un trou également tronconique, mais en sens contraire, est introduite dans cette ouverture. Un chapeau B, vissé sur la tête du grain qui doit dépasser la bouche à feu à l'extérieur, empêche la cheville d'être projetée au dehors ; sa forme tronconique résiste à toute action qui tendrait à l'arracher en dedans de l'âme.

La tige conductrice C traverse les deux chevilles; la partie qui est dans l'âme est taillée en biseau pour résister à l'action des gaz ; celle qui est dans les chevilles est tronconique pour fermer hermétiquement l'ouverture. Elle est maintenue par deux écrous D, qui sont isolés au moyen de tampons en bois E.

Ce système est plus simple que celui qui a été décrit plus haut, et ses éléments se prêtent à toutes les conditions de solidité désirables.

CONCLUSION.

Pour se rendre un compte exact du rôle de chacun des éléments du chronographe proposé, on peut le comparer à un chronomètre à pointage.

Dans le nouvel appareil, les électro-aimants et l'interrupteur remplacent le mouvement d'horlogerie.

Le diapason forme tout un échappement parfaitement isochrône.

La pointe traçante est une aiguille donnant lieu à des pointages *instantanés*, et en même temps imprime les divisions du temps.

La feuille de papier enroulée sur le cylindre forme une sorte de cadran indéfini qui vient se développer devant l'aiguille, et permet ainsi d'obtenir un nombre illimité de traces.

Sa précision repose sur ce fait que l'unité de temps donnée directement par un mouvement vibratoire est déjà une fraction de la seconde très-petite, déterminée rigoureusement, et dont la subdivision peut se faire avec la plus grande simplicité à l'aide du micromètre.

Ainsi constitué, il forme un chronoscope applicable à l'étude d'un mouvement quelconque.

Appliqué aux expériences de balistique, il me paraît présenter les avantages suivants :

1° Il permet la détermination d'un nombre quelconque de points d'une même trajectoire, sans exiger aucune modification, et avec un seul circuit ;

2° La suppression des conjoncteurs et disjoncteurs imaginés par le capitaine Navez et appliqués par M. Martin de Brettes, aussi bien que des appareils d'induction disposés en série, comme l'indique M. le capitaine Vignotti, en fait un instrument facile à manier ;

3° La réglementation des courants est devenue inutile ; l'élément de Daniell, seul, exige cette opération ; mais une fois réglée, son intensité reste constante pendant des semaines entières.

4° La lecture se fait d'une manière simple, et, une fois achevée, ne donne lieu à aucun calcul, n'exige l'emploi ni de tables ni de formules. Les durées sont inscrites sur la feuille d'expérience, qu'on peut conserver comme minute.

Quant à son degré d'exactitude, il serait hasardeux de vouloir le fixer par des considérations théoriques avant que l'expérience ait répondu d'une manière catégorique. Il semble cependant qu'il n'y a pas d'exagération à admettre la limite $\frac{1}{60000}$ de seconde.

Mais en supposant même cette limite 10 fois trop faible, son exactitude serait encore supérieure à celle des appareils fondés sur l'emploi du pendule; de plus, ce degré d'exactitude est constant pour toutes les indications, ce qui n'a pas lieu non plus pour ces derniers appareils.

Son emploi permettrait, probablement, d'étudier les lois du mouvement du projectile dans l'âme.

Cette question demanderait une étude approfondie, et surtout des données expérimentales; on a eu seulement pour but, en en donnant un aperçu, de montrer que, si les difficultés de ce problème sont réelles et sérieuses, elles sont loin d'être insurmontables.

Il y a sans doute dans ce travail bien des imperfections, bien des modifications à introduire; l'auteur espérait y consacrer de longues études encore, et surtout le compléter par des expériences; mais, au moment d'entrer en campagne, toutes les occupations scientifiques font place à la question du moment.

Son but sera atteint, du moins en partie, si, en cherchant une solution du problème de l'électro-balistique, fondée sur un principe *nouveau*, il a pu réussir à ouvrir une voie nouvelle aux officiers d'artillerie, qu'intéresse cette question.

SCHULTZ,

LIEUTENANT D'ARTILLERIE.

Saint-Cyr, 10 avril 1859.

APPENDICE.

Discussion sur le chronographe à étincelles d'induction, et sur les méthodes d'expérimentation de M. le capitaine Vignotti.

Il n'a été question, dans les quelques passages qui se rapportent aux chronoscopes fondés sur l'emploi du pendule, que des appareils de M. Navez et de M. Martin de Brettes. Nous n'avions pu nous procurer, jusqu'à ce jour, des renseignements suffisants sur les modifications apportées dans la construction du chronographe à induction par M. le capitaine Vignotti. A peine avions-nous pu en dire quelques mots page 55, et cela, d'après un résumé très-succinct inséré dans les comptes rendus de l'Académie des sciences. Mais, au moment de publier ce mémoire, nous avons pu prendre connaissance de l'ouvrage intitulé : *Recherches et résultats d'expériences relatifs à la mise en service des chronoscopes électro-balistiques ;* et, dès lors, il nous a paru indispensable de compléter notre travail par quelqeus remarques suggérées par une première lecture, peut-être un peu trop rapide de cet intéressant travail.

Une analyse complète des procédés décrits par M. Vignotti ne saurait trouver place dans le cadre de cet opuscule, et serait, sans doute, au-dessus de nos forces ; nous nous contenterons d'examiner les points qui présentent le plus d'intérêt, et qui nous semblent de nature à faire ressortir très-nettement les avantages du chronographe à diapason sur le pendule à induction.

L'une des principales difficultés qu'a dû vaincre M. Vignotti, celle qu'il a surmontée avec le plus d'habileté, c'est, sans contredit, la préparation du papier destiné à mettre en évidence les points de passage de l'étincelle d'induction. Mais, à tout prendre, ce n'est qu'un palliatif ; ne pouvant voir directement le trou produit par l'étincelle, on s'est ingénié à le transformer pour le rendre visible. Au lieu d'observer ce trou si fin, si précis, on est réduit à chercher le centre d'une *tache* qui offre un plus grand diamètre, et qui, de sa nature, doit être quelque peu irrégulière. C'est donc une première cause d'erreur, ou plutôt un défaut de précision qui est évité complétement dans notre appareil.

Grâce aux petits cercles blancs produits par le passage de l'étincelle, dans le noir de fumée, plus d'indécision possible ; les trous produits dans le papier apparaissent comme si on avait marqué, avec une pointe d'aiguille les centres de ces cercles blancs qui se détachent nettement sur le fond noir.

Ainsi, d'une part, suppression de toutes les manipulations nécessaires à la préparation de ce papier ; et c'est déjà, à notre avis, un avantage bien sérieux et bien pratique pour un instrument destiné à fonctionner, dans nos polygones, entre les mains d'officiers qui ont rarement cette habileté de doigts, ce talent du manipulateur qui ne s'acquiert qu'avec une longue habitude ; de l'autre, précision beaucoup plus grande, résultant de ce que les observations peuvent se faire sur les trous eux-mêmes et non plus sur des taches produites par une combustion du papier.

Il est important de remarquer que cette considération est complétement indépendante de l'appareil en lui-même ; elle est aussi bien applicable au pendule à induction qu'au chronographe à diapason ; elle consiste à remplacer le papier chimique de M. Vignotti par un papier blanc recouvert d'une légère couche de noir de fumée.

Passons maintenant à la comparaison du degré d'exactitude dans les deux instruments.

M. Vignotti établit que, dans l'appareil construit à Metz, on peut mesurer les arcs avec une erreur moindre que 1'. C'est là un fait qui démontre nettement que nous restions en desous de la vérité en admettant $\frac{1}{60000}$ de seconde comme limite d'exactitude de notre appareil.

En effet, dans le pendule à induction, le limbe sur lequel sont mesurés les arcs ayant 0^m 14 de rayon, une minute est représentée par une longueur de $0^{mill.}$,0407, environ $\frac{1}{25}$ de millimètre. Que l'approximation de 1′ soit obtenue directement par le vernier, ou à l'*estime*, le fait est le même ; il revient toujours à ceci : estimer une longueur de $\frac{1}{25}$ de millimètre. Nous avons supposé, page 28, qu'on s'arrêtait à $\frac{1}{20}$ de mill. En admettant $\frac{1}{25}$ comme M. Vignotti on obtiendrait, dans notre appareil, une approximation de $\frac{1}{75000}$ de seconde.

Est-il besoin de faire ressortir maintenant, que les mesures obtenues avec une lunette armée d'un réticule et une vis micrométrique bien construite sont susceptibles d'une bien plus grande précision que celles qui sont données par un vernier ; et que, s'il est possible de mesurer dans ce cas à $\frac{1}{25}$ de millimètre près, la position du centre d'une tache ; nous pourrons, avec autant de certitude, estimer à

$\frac{1}{50}$ celle d'un trou aussi net et aussi fin que celui qui est donné par l'étincelle d'induction. Or, dans ces conditions, le degré d'approximation des deux appareils est respectivement de $\frac{1}{36000}$ et $\frac{1}{150000}$ de seconde, leur rapport est celui de 1 à 4 environ.

Ce n'est pas que nous voulions prétendre par là qu'une pareille précision sera sûrement atteinte avec le chronographe à diapason ; loin de là. A notre avis, les causes d'erreur se multiplient tellement, quand on veut ainsi pousser l'approximation dans ses dernières limites, qu'il faut des expériences et des expériences concluantes pour faire admettre de pareils résultats. Nous avons voulu montrer seulement que la limite $\frac{1}{60000}$ que nous avions posée plus haut n'avait rien d'exagéré et que notre appareil était à l'abri des causes d'erreur qui viennent d'être signalées dans le pendule à induction.

Nous ajouterons qu'il est difficile d'admettre :

1° Que le cheveu qui sert à la détermination du centre de la tache conserve toujours une position invariable, de manière à correspondre à $\frac{1}{25}$ *de millimètre près*, au O du vernier ;

2° Que le moyen indiqué pour régler la position

de l'électro-aimant au moyen d'un index en ivoire *qui ne touche pas le limbe*, ne semble pas de nature à assurer, *à une minute près*, l'angle de 75° que le pendule, dans sa position initiale, doit faire avec la verticale.

Ce sont toutes ces causes d'inexactitude, incertitude sur le centre de la tache, défaut de coïncidence entre ce centre et le O du vernier, erreur sur la position du point d'origine, qui, réunies à l'erreur de lecture, formeront l'erreur totale, variable d'un instant à l'autre pour cet instrument.

Admettons que cette somme soit plus petite que $\frac{1}{36000}$ A côté de ces causes, il en est d'autres encore dont M. Vignotti ne paraît pas s'être préoccupé, et qui cependant donneraient lieu à des variations plus grandes que la limite que nous venons d'admettre.

En premier lieu, il y a la dilatation de la tige du pendule.

Un calcul bien simple suffit pour le démontrer.

Désignons par :

l la longueur du pendule simple à la température la plus basse ;

l' la longueur du même pendule quand la température a varié de t° ;

t la plus grande variation de température entre deux expériences ;

n le coefficient de dilatation de la tige du pendule;

On a :

$$l' = l\,(1 + nt).$$

Les durées totales d'une oscillation sont, pour les longueurs l et l' :

$$T = \pi \sqrt{\frac{l}{g}} \left\{ 1 + \left(\frac{1}{2}\right)^2 \frac{\sin \text{ver } \theta}{2} + \text{etc.} \right\},$$

$$T' = \pi \sqrt{\frac{l'}{g}} \left\{ 1 + \left(\frac{1}{2}\right)^2 \frac{\sin \text{ver } \theta}{2} \text{ etc.} \right\}.$$

D'où :

$$\frac{T'}{T} = \sqrt{1 + nt},$$

$$T' = T\sqrt{1 + nt}.$$

On trouve par le calcul, et, on démontrerait facilement par des transformations simples, que pour le cas actuel, où nt est très-petit,

$$\sqrt{1 + nt} = 1 + \frac{nt}{2}.$$

On a donc :

$$T' = T\left(1 + \frac{nt}{2}\right), \quad T' - T = T\frac{nt}{2}.$$

Or, les variations de température peuvent s'élever à 20° ;

En prenant pour n une valeur moyenne de celles qu'indiquent les tables de dilatation $n=0,000015$, on aura :

$$T'-T=T\times 0,00015.$$

T étant égal environ à $\frac{1}{3}$ de seconde, on voit que l'erreur provenant de la dilatation peut être égale à :

$$T'-T=0,00005=\frac{1}{20000} \text{ de seconde,}$$

quantité plus grande que $\frac{1}{36000}$.

Il est une seconde cause d'erreur qui conduit fortuitement, à la même limite ; c'est celle qui est commise dans la détermination de la durée des petites oscillations.

Prenons les nombres indiqués par M. Vignotti :

« Sans employer le secours d'une lunette, nous » avons pu dans ces conditions, compter mille oscil- » lations doubles, très-nettement : leur durée totale » estimée au moyen d'un chronomètre Bréguet à » pointage, a été trouvé exactement de 10′ 57″,2; ce » qui donne 0″,3286 pour valeur de la durée de » l'oscillation très-petite.

« En recommençant une deuxième fois la même » opération nous avons été très-agréablement sur-

» pris de retomber identiquement sur le même ré-
» sultat : mille oscillations doubles, d'une amplitude
» de 40′ au départ ont duré rigoureusement 10′ 57″2.
» De sorte que la valeur 0″,3286 nous paraît d'une
» merveilleuse exactitude. »

Voyons maintenant quelle est la limite de *cette exactitude ;* elle est facile à trouver. Le chronomètre à pointage ne peut donner, comme M. Vignotti l'a judicieusement observé, une approximation plus grande que $\frac{1}{10}$ de seconde. La durée de 2000 oscillations étant connue à $\frac{1}{10}$ près, il s'ensuit que la durée qu'on en conclut pour 1 oscillation simple est connue à $\frac{1}{20000}$ de seconde près.

Voici donc, outre les erreurs de lecture dont nous avons parlé plus haut, deux nouvelles causes d'erreur, l'une constante pour chaque instrument, l'autre variable avec la température ; deux causes complétement indépendantes, qui toutes deux peuvent donner une erreur de $\frac{1}{20000}$; ces erreurs pourront se compenser dans certains cas, dans d'autres elles s'ajouteront et donneront $\frac{1}{10000}$ pour l'erreur maximum qui pourra affecter la valeur trouvée pour la durée d'une petite oscillation. Il s'ensuit évidemment que les durées partielles inscrites dans la table des temps auront également leur degré d'exactitude limité à $\frac{1}{10000}$ de seconde.

Il est encore une inexactitude qui ne peut qu'avoir échappé à l'attention de M. Vignotti ; car elle est une conséquence de l'un des théorèmes les plus simples de la théorie des approximations. La durée d'un trajet s'obtient en prenant la différence des deux temps qui correspondent aux deux arcs mesurés sur le limbe. Or, chacun de ces temps donnés par la table est en erreur en *plus ou en moins* d'une quantité e ; l'erreur possible sur la différence sera $2\,e$ et non e. L'approximation définitive serait d'après cela de $\frac{1}{5000}$ de seconde au lieu de $\frac{1}{36700}$. Mettons de côté toutes ces causes d'erreurs, dilatation, etc. Admettons que les durées partielles soient réellement connues avec une appréciation indéfinie, que les arcs soient mesurés à 1′ près, il n'en sera pas moins vrai encore que l'approximation indiquée par M. Vignotti est 2 fois trop grande et qu'au lieu de $\frac{1}{36700}$ on aurait $\frac{1}{18350}$

La limite $\frac{1}{5000}$ peut paraître exagérée ; elle suppose des variations de température de 20° ; mais, à coup sûr on ne pourrait pas espérer une approximation plus grande que $\frac{1}{10000}$ de seconde pour la mesure des durées des trajets et $\frac{1}{800}$ pour les vitesses.

Il est bien évident d'ailleurs que ce serait là un petit défaut si cet instrument donnait une solution complète des problèmes de balistique; c'est ce que nous allons examiner.

A une époque où nous ne pouvions connaître l'ouvrage de M. Vignotti, nous écrivions, page 3 : *On comprend donc de quelle importance serait un instrument simple et précis qui permettrait de suivre un projectile dans toute l'étendue de sa trajectoire, quelle que soit d'ailleurs la portée; de déterminer les durées des trajets entre des points aussi rapprochés qu'on le voudra, et espacés sur tout le parcours du projectile.*

Et aujourd'hui nous lisons dans l'ouvrage de M. Vignotti : « ..... Enfin le prix modique des nou- » veaux instruments ne doit pas permettre de faire » entrer en ligne de compte les dépenses qu'il faudra » s'imposer pour arriver à ce magnifique résultat, » *de suivre un projectile pendant une durée quelcon-* » *que de son trajet, et d'obtenir les instants précis* » *de son passage dans un nombre quelconque de ca-* » *dres-cibles disposés arbitrairement le long de sa tra-* » *jectoire.*

Poser le même problème dans des termes presque identiques, est une coïncidence merveilleuse, qui flatte notre amour-propre en raison de l'importance peut-être exagérée qu'attachent à la question que nous croyons avoir résolue des hommes du mérite de M. Vignotti.

Continuons à citer textuellement :

« Nous ne pensons pas que personne ait encore » posé la question en termes aussi larges; nous » sommes heureux d'avoir pu la traiter ainsi dans sa » généralité la plus effrayante, et d'en présenter une » solution aussi simple, aussi pratique, aussi satis- » sante à tous égards. »

Nous ne pouvons, malheureusement, être de cet avis.

Rappelons d'abord en quelques mots en quoi consiste la méthode de M. Vignotti pour déterminer les instants de passage en plusieurs points. Rien de plus simple, théoriquement.

« Elle consiste à réunir à la suite l'un de l'autre » plusieurs pendules et à s'arranger de manière à ce » que les indications du deuxième suivent, sans la- » cune, sans interruption, celles du premier et ainsi » de suite.... On aura d'abord autant de taches qu'on » le désirera, en employant plusieurs bobines, cor- » respondant à un nombre égal de cadres-cibles,

» comme on l'a vu ; et il suffira de plus que le cou- » rant inducteur de la dernière bobine de l'un des » appareils d'induction comprenne aussi le fil in- » ducteur de la *première* bobine de l'appareil suivant, » pour que les temps indiqués puissent rigoureuse- » ment s'ajouter l'un à l'autre, de façon à atteindre » même des valeurs de plusieurs secondes.

La manière la plus simple de se rendre un compte certain des résultats qu'on peut espérer atteindre par cette méthode, c'est de l'appliquer à des exemples.

Supposons qu'on veuille étudier une trajectoire de 700^{m}, la vitesse moyenne du projectile étant supposée de 350^{m}, la durée du parcours sera de 2″.

La durée totale d'une oscillation du pendule est de 0″,369 ; mais pour se conformer à la condition souvent exprimée par M. Vignotti *de ne prendre sur les limbes de chaque instrument que les parties de la graduation que le pendule parcourt quand il est animé d'une vitesse suffisamment grande*, chaque pendule ne pourra donner au plus qu'une durée de 0″,25, surtout si l'on tient compte de la difficulté d'espacer les cadres et de faire commencer à propos le mouvement de chaque pendule.

Pour le cas actuel il faudra donc 8 pendules.

Pour que chaque pendule donne seulement 2 durées, il faudra lui adjoindre 3 bobines de Ruhmkorff;

de cette manière on aura les instants de passage en 15 points consécutifs de la trajectoire, espacés d'environ 43^m.

Pour arriver à ce résultat il faudra employer :

8 pendules à induction ;

24 bobines de Ruhmkorff ;

17 cadres-cibles destinés à observer les instants du passage ;

17 piles communiquant avec chacun de ces cadres au moyen de 17 circuits ;

8 cadres-cibles destinés à donner des ruptures dans les courants qui activent les électro-aimants des pendules, de manière que chacun de ceux-ci commence son mouvement à un intervalle de temps assez court avant la production de la première tache.

Jusqu'ici nulle impossibilité. Dire que c'est là une méthode *simple*, *pratique*, *satisfaisante à tous égards*, c'est évidemment se contenter de peu ; mais à la grande rigueur elle est possible. Contentons-nous donc de mettre en regard le tableau de la même expérience faite avec le chronographe à diapason.

1 chonographe, toujours le même, sans modification, sans nouvelle disposition ;

1 pile communiquant au moyen d'un circuit unique avec,

17 cadres-cibles,

16 cadres-cibles à conjoncteurs.

Mais un chronoscope électrique doit être construit surtout en vue des expériences sur les canons rayés; c'est dans de telles recherches que leur utilité serait immédiate et incontestable. Or, ce ne serait résoudre la question qu'à moitié, que de prendre une faible portion de la trajectoire. Ce qui est intéressant surtout à bien constater, c'est cette diminution si lente de la vitesse, c'est en un mot la vérification des lois de la résistance de l'air; tous ces problèmes demandent des études expérimentales sur de longues trajectoires. Or ce n'est plus une indiscrétion que de dire aujourd'hui qu'à 1800 ou 2000^{m} le tir offre assez de précision pour qu'on puisse, en toute sécurité, employer les cadres-cibles. Prenons donc cet exemple de 1800^{m} en supposant toujours la vitesse moyenne de 350^{m}. La durée du trajet est de 5$''$,14.

Il faudrait d'après cela :

21 pendules à induction;

63 bobines de Ruhmkorff;

43 cadres-cibles ;

43 piles communiquant avec les cadres-cibles.

21 cadres-cibles.

Ici l'impossibilité devient évidente; il serait puéril de le démontrer.

Pour le chronographe à diapason la difficulté, le

prix, ont à peine augmenté ; rien n'est changé dans l'expérience précédente si ce n'est le nombre des cadres-cibles. — On n'emploiera donc encore que,

1 chronographe ;

1 pile ;

43 cadres-cibles ;

42 cadres-cibles conjoncteurs.

De tels chiffres parlent plus haut que des mots. Il est donc bien évident que tout instrument qu'il faut doubler, tripler, etc., dès qu'on veut obtenir un nombre de points double, triple, etc., ne satisfait pas à la question ; le problème n'est résolu ni pratiquement *ni même théoriquement*.

Reprenons en effet ces deux exemples et voyons à quelle erreur une telle méthode donnera lieu, sans tenir compte des fautes inséparables d'une telle complication.

Cette cause d'erreur, c'est la vitesse de l'électricité, qui, quoique très-grande, n'est cependant pas infinie. — Nous la supposerons égale à 180,000 kilomètres par seconde, d'après les résultats d'expériences de M. Fizeau. Rappelons-nous de plus que si un courant induit se trouve subitement créé en un point d'un circuit, la propagation du mouvement électrique se fait à partir de ce point dans les deux sens avec la même vitesse. De sorte que la recomposition au point milieu extrême se fera au bout d'un temps égal à celui qu'exige l'électricité pour parcourir la demi-longueur du fil.

Si l'on considère les bobines disposées en série, il y aura donc, entre la rupture de chaque courant inducteur et les productions de l'étincelle, un retard d'autant plus grand que la bobine sera plus éloignée des extrémités et qui sera égal pour la bobine du milieu, au temps nécessaire à l'électricité pour parcourir le fil de la moitié des bobines.

Appliquons ce principe, qui est incontestable, aux deux exemples cités plus haut.

Pour le premier, celui d'une trajectoire de 700m il y a 24 bobines. Nous ne connaissons pas d'une manière précise la longueur de fil des petites bobines Ruhmkorff, construites pour M. Vignotti ; mais en la supposant à peu près moitié des grands modèles, c'est-à-dire 5000m de fil nous ne serons probablement pas en-dessous de la vérité. Dans cette hypothèse les 12 bobines forment un développement de fil de 60 kilomètres ; le temps employé par le fluide électrique pour se propager dans cet espace est donc :

$$\frac{60}{180000} = \frac{1}{3000} \text{ de seconde.}$$

C'est le retard qui aura lieu pour la production de

l'étincelle; c'est une erreur, comme on le voit, très-considérable si on la compare au degré d'approximation de l'appareil; supposons que les bobines soient plus petites encore, il n'en sera pas moins vrai que c'est une cause d'erreur bien plusi nfluente que toutes cellesque nous avons eue à signaler jusqu'ici. Et il n'a été question que de la trajectoire de 700^{m}. Pour le second exemple on aurait une erreur de $\frac{1}{1100}$ eunviron (1).

En résumé, on voit que la méthode de M. Vignotti, très-ingénieuse, quand il ne s'agit que de quelques points, retombe dans la règle commune à tous les appareils fondés sur l'emploi du pendule; dès qu'on veut l'employer pour la détermination d'une trajectoire, elle est *inapplicable* et *inexacte*. Le chronographe à diapason est complétement à l'abri de ces reproches, et la raison en est bien simple, c'est toujours le même instrument, point de nouvelle complication, l'électricité se trouve mise en jeu dans le même milieu. La longueur du courant

(1) Il est une autre cause d'inexactitude qui agit dans ce cas avec plus d'influence encore, c'est celle qui provient de l'accumulation des erreurs. Il est évident en effet que la durée totale étant décomposée en autant de durées partielles, qu'il y a d'instruments employés, pourra être affectée d'une erreur égale à la somme des erreurs partielles commises sur chaque instrument. Le degré d'approximation sera donc réduit en raison directe du nombre de pendules employés pour une même expérience.

inducteur seule a pu varier dans les cas extrêmes de 2 ou 3 kilomètres, ce qui ne pourrait donner une erreur plus grande que $\frac{1}{90000}$ de seconde.

Nous continuerons à regarder le chronographe que avons décrit comme répondant seul à ce problème que nous posions plus haut et dont le savant ouvrage de M. Vignotti nous montre toute l'importance. Son grand, son immense défaut, c'est d'être en projet; la grande objection sera celle-ci : L'*expérience*.... Il ne faudrait cependant pas attacher une importance capitale à cette incertitude des résultats que donnera la pratique. L'appareil n'est qu'un projet, c'est vrai, mais il ne faut pas oublier que tous les principes sur lesquels il repose sont des faits acquis à l'expérience. C'est un fait démontré qu'on peut entretenir pendant des heures entières le mouvement du diapason; c'est un fait démontré que la possibilité de mettre en évidence ses traces sur du noir de fumée ; et, pour se convaincre de la netteté des lignes qu'on obtient sur le papier, il suffit d'en faire l'essai grossièrement, sans précaution, en promenant un diapason armé d'une aiguille sur une feuille de papier recouverte de noir de fumée. Les cibles conjonctrices fonctionnant au moyen d'un fil de soie, soulèveront peut-être quelque objection; on nous dira qu'il n'est pas certain que le fil puisse se dérouler assez rapidement à cause de la résistance des poulies. C'est un point qui demanderait en effet une vérification ; mais ce qui est hors de doute, d'après les expériences que nous avons rapportés, page 44, c'est qu'une feuille de zinc, ou un treillage placé devant une feuille de plomb donnera instantanément lieu à une fermeture dans le courant et dès lors on pourra utiliser l'étincelle produite dans ce cas.

Ajoutons que le conjoncteur décrit page 35 peut être encore simplifié. On le réduira à un ressort, bandé par la tension du fil de soie, et qui, en se débandant, établirait la communication entre les deux plaques.

TABLE DES MATIÈRES.

Pages

Introduction. 1

Chap. I. — Principe de l'appareil. 4

II. — Description de l'appareil 9

III. — Jeu de l'appareil 14

Lecture des indications. 16

IV. — Détermination du degré d'exactitude. 25

Vérification de l'isochronisme et détermination de la durée d'une vibration. 29

V. — *Application aux expériences de balistique.*

Détermination complète des trajectoires. 34

Expérience sur un conjoncteur instantané. 40

Discussion sur un calcul de M. le cap. Ravez, relatif à l'espacement des fils des cadres-cibles . . . 46

Pages

Choix du métal à employer pour le réseau des cadres-cibles 48

Étude du mouvement du projectile dans l'arme. . . 49

Conclusion 54

APPENDICE.

Discussion sur le chronographe à étincelles d'induction et sur les méthodes d'expérimentation de M. le cap. Vignotti. 58

Paris.—Imprim de J.-B. Gros et Donnaud, rue Cassette, 9.

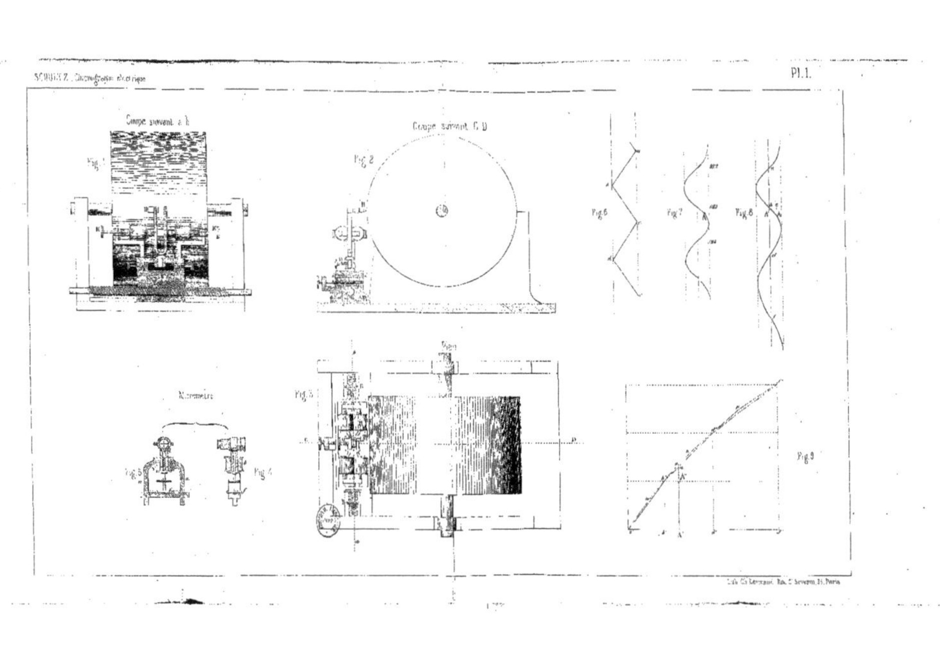

Pl. I.
Coupe suivant C D
Fig. 2
Fig. 6
Fig. 7
Fig. 8
Micromètre
Fig. 9

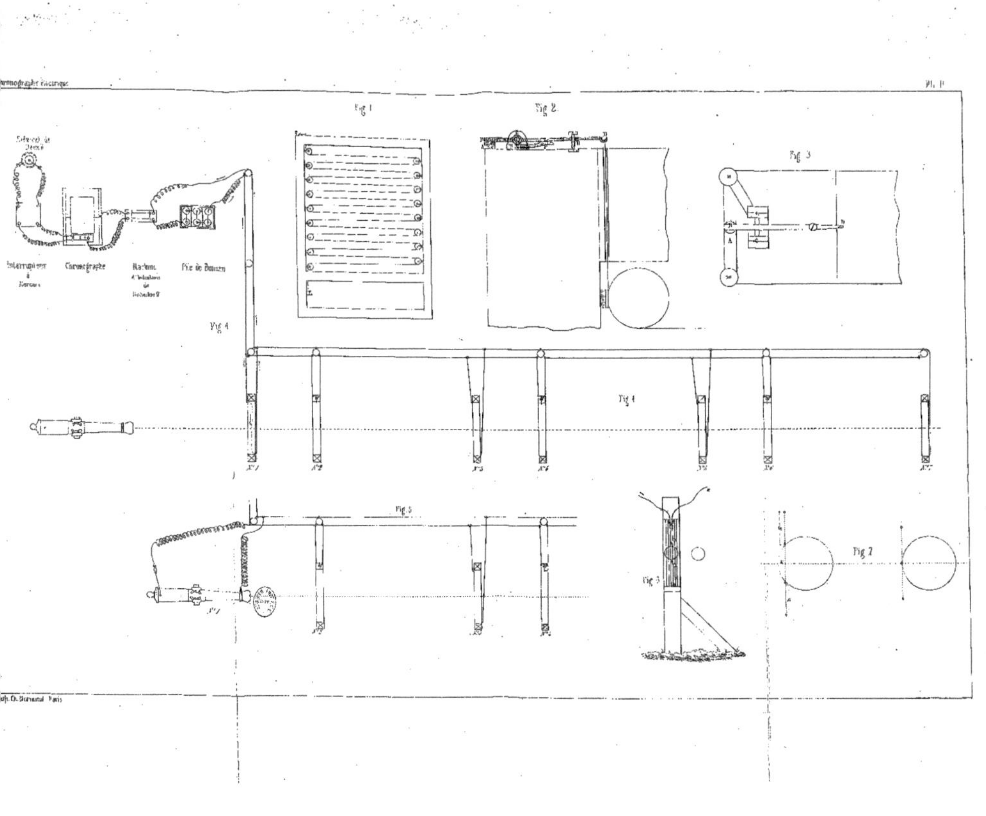

Lith. Ch. Durand, Paris

SCHULTZ Chronographe électrique

PL. III

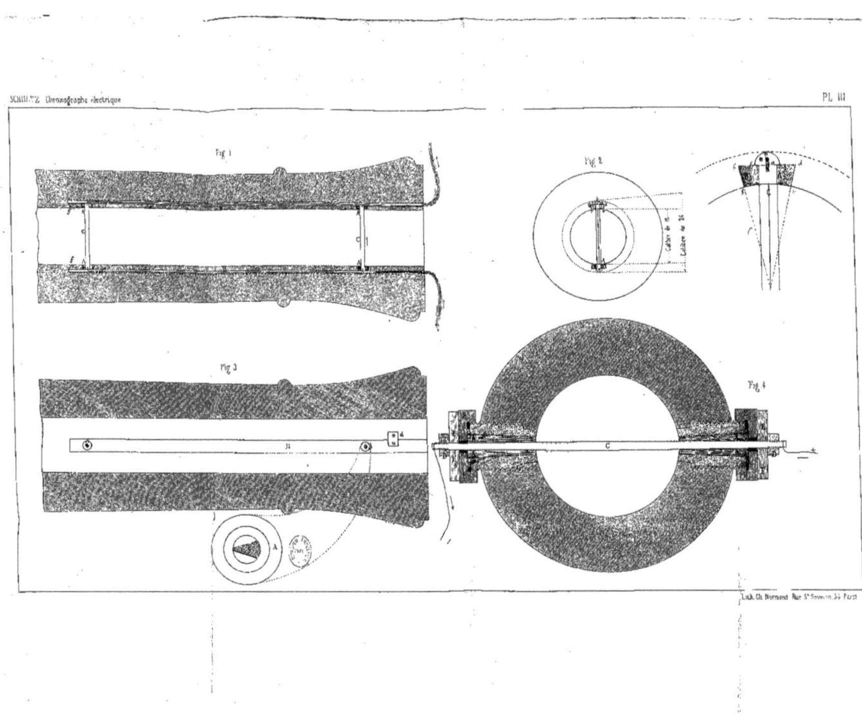

Lith. Ch. Normand Rue St Séverin, 34 Paris

www.ingramcontent.com/pod-product-compliance
Ingram Content Group UK Ltd.
Pitfield, Milton Keynes, MK11 3LW, UK
UKHW021226230726
13926UKWH00003B/1269

9 782014 462180